OBSERVATIONS

SUR

LES ROUTES QUI CONDUISENT

DU

DANUBE A CONSTANTINOPLE.

OBSERVATIONS

SUR

LES ROUTES QUI CONDUISENT

DU

DANUBE A CONSTANTINOPLE

A TRAVERS LE BALCAN ou MONT HOEMUS,

SUIVIES DE QUELQUES RÉFLEXIONS

SUR LA NÉCESSITÉ DE L'INTERVENTION DES PUISSANCES DU
MIDI DE L'EUROPE DANS LES AFFAIRES DE LA GRÈCE;

PAR LE LIEUTENANT-GÉNÉRAL COMTE DE T***.

PARIS.

PÉLICIER ET CHATET, LIBRAIRES, PLACE DU PALAIS-ROYAL,
A CÔTÉ DU CAFÉ DE LA RÉGENCE.

AOUT 1828.

IMPRIMERIE DE PLASSAN, RUE DE VAUGIRARD, N° 15.

IMPRIMERIE DE PLASSAN,
RUE DE VAUGIRARD, N° 15.

OBSERVATIONS

SUR

LES ROUTES QUI CONDUISENT

DU

DANUBE A CONSTANTINOPLE

A TRAVERS LE BALCAN ou MONT HOEMUS,

SUIVIES DE QUELQUES RÉFLEXIONS

SUR LA NÉCESSITÉ DE L'INTERVENTION DES PUISSANCES DU
MIDI DE L'EUROPE DANS LES AFFAIRES DE LA GRÈCE;

PAR LE LIEUTENANT-GÉNÉRAL COMTE DE T***.

PARIS.

PÉLICIER et CHATET, LIBRAIRES, PLACE du PALAIS-ROYAL,

A CÔTÉ DU CAFÉ DE LA RÉGENCE.

AOUT 1828.

OBSERVATIONS

SUR

LES ROUTES QUI CONDUISENT

DU DANUBE A CONSTANTINOPLE

A TRAVERS LE BALCAN ou MONT HOEMUS.

En prenant la ligne du *Danube* pour base d'opération, plusieurs débouchés, dont trois praticables aux voitures, traversent le mont *Hœmus*, connu des Turcs sous le nom de *Balcan*.

1°. En partant de la droite de l'armée agissante, le premier passe des environs de *Sistova* et *Roustchouk* par *Ternova, Kabrova, Kézanlik, Eski-Saghra, Djezair-Moustapha,* sur la *Maritza* et *Andrinople*. Il est de 59 heures et demie (1).

2°. Le second, partant de *Roustchouk* ou de *Silistri*, passé par *Razgrad, Eski-Djuma* ou plus

---

(1) L'heure, ou lieue commune de Turquie, nommée *agachs,* est de 22 au degré, ou 2,590 toises; l'heure de caravane est de 19 un tiers au degré, 2,970 toises.

directement par *Choumla*, *Carnabat*, *Papasli* et *Andrinople*. Il est de 59 heures et demie.

3°. Le troisième, partant d'*Hadji-Oglou-Bazardjik*, où se réunissent toutes les routes du bas Danube, entre Silistri et la mer Noire, passe à *Couzlidjé*, *Pravadi*, *Aïdos*, *Oumour-Fakih*, *Kirk-Kilissia*, est de 54 heures.

De Kirk-Kilissia (ou les quarante églises) on compte 10 heures à Andrinople, par le vallon de la *Salsdéré*, et 10 heures à *Tchatal-Bourgaz*, sur la route qui conduit directement d'Andrinople à *Constantinople*.

Ainsi trois corps d'armée peuvent marcher parallèlement du Danube aux plaines de la *Thrace*, en traversant le Balcan, et se réunir aux environs d'Andrinople en douze marches et trois séjours, en tout 15 jours.

L'aile droite, par Ternova à Andrinople, en 59 heures et demie; le centre, par Choumla ou Eski-Djuma, en 59 heures et demie; l'aile gauche, par Pravadi et Kirk-Kilissia, en 44 heures.

Cette colonne, arrivée à ce point, à la hauteur des deux autres, pourra se lier avec elles par le vallon de la Salsderé en 10 heures; en tout à Andrinople 54 heures.

La position de Choumla, menacée ainsi par sa droite et sa gauche pendant que la colonne du centre l'attaquera de front, ne sera plus tenable, et devra être évacuée au plus vite par la route directe de Carnabat, afin de n'être pas coupée de ses magasins, échelonnés de Constantinople à Andrinople.

C'est donc entre Andrinople et Kirk-Kilissia que se livrera la bataille qui décidera des destinées de l'empire ottoman en Europe, et l'on combattra à 45 heures de la capitale.

D'Andrinople et de Kirk-Kilissia, où l'armée agissante doit se réunir, elle aura peu d'obstacles à surmonter dans sa marche sur la capitale; le pays est ouvert, mais mamelonné de manière à présenter partout des positions avantageuses à une armée manœuvrière, tandis que l'armée musulmane ne trouvera plus à profiter des obstacles de terrain que présentent les gorges et les défilés de la chaîne de l'Hœmus.

La Thrace se compose d'une suite de plateaux ouverts et couverts par quelques ravins, où l'artillerie peut se mouvoir dans toutes les directions, l'infanterie régulière déployer ses masses, et la cavalerie manœuvrer avec avantage.

L'expérience des guerres précédentes nous a appris que l'on doit toujours opposer des masses compactes d'infanterie soutenues par de l'artillerie à la cavalerie irrégulière des Turcs, tandis que celle des armées chrétiennes attaquera toujours avec avantage l'infanterie sans consistance des infidèles.

Jamais il ne convient de se laisser prévenir par

eux : ils trouvent dans leur fanatisme et leur bravoure individuelle une force d'impulsion difficile à arrêter lorsqu'ils peuvent faire usage de l'arme blanche.

Leur feu de mousqueterie est peu dangereux en plaine; les Turcs sont mal armés de fusils de différens calibres, et encore plus mal approvisionnés en munitions. Ils les ont épuisées par des tirailleries continuelles avant d'aborder les masses ennemies, et c'est alors le moment de les charger avec vigueur. Derrière les plus mauvais retranchemens ils sont redoutables, et ils les défendent avec un courage et une ténacité inconnus à nos armées régulières.

D'Andrinople, l'armée attaquante doit appuyer sa droite à la Maritza (l'*Hèbre* des anciens), sa gauche à la mer Noire.

La Maritza est navigable d'Andrinople jusqu'à son embouchure à *Énos*, dans un cours de vingt-quatre lieues. Son vallon est bien cultivé, et riche en blé, riz et vin; les montagnes qui la bordent à droite abondent, comme le Balcan, en bétail de toute espèce et en fourrage.

Cette chaîne difficile et sauvage qui sépare la *Thrace* de la *Macédoine,* ne représente que deux débouchés *carrossables* vers l'occident.

L'un, au nord, se trouve aux sources de la Maritza entre *Tatar-Bazardjik* et *Samakov*. C'est la grande communication avec la *Bosnie* et l'*Albanie*, par la haute Macédoine.

L'autre se trouve au sud, sur les bords de la mer et à l'extrémité opposée de cette chaîne. Partant des bords de la Maritza, en face de *Feredjik* ou d'*Ipsala*, il suit les bords de la mer jusqu'à la *Cavale*. Point important et facile à défendre. Les anciens, qui le regardaient de ce côté comme la clef de la Macédoine, l'avaient fortifié avec soin ; et, des ruines de ces murailles, les Turcs ont formé un poste militaire confié long-temps à Méhémet-Ali, pacha d'Égypte, qui n'était alors que simple balouk-bachi. L'ancienne voie romaine qui allait de Rome à Constantinople par *Dyrrachium* et *Thessalonique* y passait ; on en aperçoit encore quelques vestiges.

Tout ce canton est riche et bien cultivé ; les montagnes qui le bordent au nord (l'ancienne *Rhodope*) sont habitées par des colonies de Turcs Yeurucks (1), tandis que les bords de la mer et la plaine sont cultivés par des chrétiens.

Il existe quelques sentiers qui, partant des plaines de *Philippe* et de *Serès,* traversent ces montagnes entre ces deux grandes communications pour aboutir dans la Thrace ; ils passent par des pays incultes et difficiles, couverts de bois, et riches en mines de fer. La population turque qui habite ces gorges est

---

(1) Les Yeurucks descendent d'une colonie du Turcomans qui a été transplantée, dans le seizième siècle, de l'Asie en Macédoine pour contenir les peuples vaincus, impatiens du joug, et pour remplacer la population éteinte par la guerre,

belliqueuse, et sera observée par les réserves établies à Andrinople, qui devront envoyer des détachemens sur *Philippopolis* et Tatar-Bazardjik (1).

Le débouché au sud doit être également observé par le corps stationné dans l'*Examilia* et les *Dardanelles*, qui enverra une forte avant-garde sur la Maritza, en face de Feredjik et Ipsala.

La colonne de gauche, depuis Pravadi jusqu'à Kirk-Kilissia s'écarte peu de la mer Noire; il existe même une route, mais impraticable aux voitures, qui longe la côte; et comme l'armée envahissante doit être maîtresse de la navigation pour agir avec avantage, une flotte doit suivre tous ses mouvemens, et pourvoir à ses besoins, tant en vivres qu'en munitions, par les routes qui, des différens points de la côte, viennent aboutir au centre de la Thrace.

Ainsi, l'armée navale, après s'être emparée de *Varna*, éloignée de six heures de Pravadi, doit se porter de là dans le golfe de *Bourgas*, et de s'emparer ensuite de tous les ports de cette côte jusqu'à l'entrée du *Bosphore*.

D'*Aïdos*, situé au pied méridional du Balcan, la colonne de gauche communiquera avec *Mésembria*, sous le cap *Emineh*; il y a 6 à 8 heures.

____

(1) Philippopolis et Tatar-Bazardjik sont deux villes considérables, situées à la tête du vallon de la Maritza; elles commandent les débouchés sur *Sophia* et le nord de la Macédoine. Philippopolis contient 8,000 maisons, dont moitié turques, et moitié habitées par des chrétiens; Bazardjik, 2,000 maisons.

D'Oumour-Fakih, avec le golfe de Bourgas, il y a 6 à 8 heures.

De Kirk-Kilissia avec *Ai-Nada* et *Midiah*, il y a de 10 à 18 heures par une route montueuse, mais carrossable.

Après s'être concentrées à *Tchorlou*, position centrale, éloignée de 20 lieues de Constantinople, 25 d'Andrinople, de *Rodosto*, par où l'on se rend aux Dardanelles, ou en Macédoine par *Kechan* et Feredjik, l'armée doit porter sa droite à *Silivri*, sur la mer de Marmara, son centre à *Tchataltcha*, et la gauche à *Kéni*, sur la mer Noire, d'où elle communiquera avec sa flotte. C'est de cette position qu'elle doit se préparer à attaquer Constantinople, ou du moins à en faire le blocus.

Si déjà on est maître de la Chersonèse de Thrace, et par suite des Dardanelles, la flotte de la Méditerranée doit entrer dans la mer de Marmara pour bloquer Constantinople de ce côté, tandis que l'aile gauche de l'armée, tournant toutes les défenses du Bosphore, en facilitera l'entrée à la flotte de la mer Noire.

Comme ceux des Dardanelles, les châteaux d'Europe, du Bosphore, sont commandés du côté de terre, et peu susceptibles de défense. C'est alors que l'on pourra établir un système régulier de blocus, préférable, selon nous, à une attaque de vive force, dont le résultat serait l'incendie de Constantinople et la perte de toutes ses richesses, qu'un ennemi est toujours intéressé à conserver, soit qu'il veuille traiter de la paix à des conditions avantageuses, soit qu'il veuille y former un établissement permanent.

Ce blocus est d'autant plus facile, qu'une fois maître de la mer, toute communication avec l'Asie devient impossible, et ce sont ces provinces qui fournissent aux consommations journalières de cette grande capitale.

Du côté de l'Europe, on trouve, dans un rayon de 4 à 5 lieues de la place, toutes les prises d'eau qui alimentent Constantinople, et dont les aqueducs sont faciles à couper, n'étant soutenus par aucun ouvrage défensif (1).

Sans nous arrêter implicitement aux déclarations modérées de la cour de Saint-Pétersbourg, nous pensons qu'il est de l'intérêt de sa politique de se borner pour le moment à obtenir de la Porte les conditions les plus avantageuses à son commerce, plutôt que d'entreprendre l'attaque de Constantinople de vive force : elle ne peut pas désirer de régner sur des ruines et un désert.

---

(1) Tous les établissemens militaires de l'empire ottoman, pour l'armée de terre et de mer, ne sont point enfermés dans l'enceinte de Constantinople, mais sont placés sur le côté oriental du port : le chantier, les bassins et l'arsenal de la marine près de Galata; le matériel de l'artillerie, les fonderies et tous les parcs tant en artillerie de campagne que de places à Tophana, au-dessous de Péra, et ne sont couverts par aucun ouvrage de fortification.

La population chrêtienne elle - même de cette capitale, si elle survit à sa destruction, s'empressera de suivre la cour des sultans en Asie, où elle transporterait ses trésors.

C'est une erreur bien grande que de penser que les chrétiens de la capitale ne soient pas pour la plupart indentifiés par leurs intérêts à la population musulmane. En cela, ils diffèrent totalement du reste des sujets répandus sur le sol de l'empire, qui cultivent au profit de leurs maîtres, accablés sous le poids des charges auxquelles ils ne peuvent se soustraire.

Les chrétiens de Constantinople y. ont été attirés par les avantages d'y exercer exclusivement toutes les branches d'industrie dont l'exploitation leur est abandonnée, par suite de l'ignorance et de l'indolence des Turcs. Ils y confectionnent tous les objets particulièrement réservés à l'usage des musulmans. Ils les suivront donc là où ils sont certains de trouver un débouché pour les produits de leur industrie, produits qui ne.conviennent pas à d'autres.

Le Grec du *Fanar*, au risque de sa tête, ambitionnera toujours le poste dangereux, mais lucratif, de drogman de la Porte.

Le banquier ou saraff arménien, habitué à tirer d'immenses profits de ses relations avec les grands de l'empire, et connaissant tous les avantages qu'il retire de l'ignorance de ses maîtres, les suivra pour continuer ses spéculations, et le courtier juif, chez qui l'intérêt domine tout autre sentiment, ne voudra pas perdre les profits que lui assure son entremise dans toutes les affaires.

Nous pensons, de plus, que le temps n'est pas encore venu pour la Russie d'entreprendre la conquête de Constantinople. Sa politique constante est de marcher lentement, mais d'une manière certaine, au but qu'elle se propose. Cette superbe dépouille, elle le sait, ne peut lui échapper; si elle fait un pas en avant, elle sait s'arrêter à temps, pour en faire un nouveau point de départ, où elle organise plus sûrement la victoire. Telle a été sa marche depuis Pierre-le-Grand, et celle qu'elle a particulièrement suivie dans sa conquête des provinces du Caucase.

Nous la croyons plus occupée de s'assurer la tranquille possession de la Géorgie et des côtes du sud-est de la mer Noire, en s'emparant des pachaliks d'*Akhaltzikh* et de *Kars*, que de s'établir sur le Bosphore. En effet, tant que les Turcs se trouveront aussi rapprochés des tribus musulmanes du Caucase, la Russie aura toujours à craindre de nouvelles insurrections parmi ces peuples indépendans et sauvages. Elle veut et doit s'assurer la libre communication de la mer Noire à la mer Caspienne par les vallées du *Phase* et du *Kour*, comme elle vient de s'assurer de la tranquillité des belles vallées de l'*Araxe*, en repoussant les Persans au-delà d'*Érivan*.

La route qu'elle a tracée de *Redoute-Kalé* à *Tiflis* passe trop près des frontières turques dans le pachalik d'Akhaltzikh, pour n'être pas souvent inquiétée ; et, pour compléter la sûreté de ses communications, et bien lier son système de frontières avec la Perse, les deux pachaliks d'Akhaltzikh et Kars lui sont nécessaires.

Dans le premier se trouvent les sources du Kour et de l'*Arpatchaï*; dans le second, celles de l'Araxe.

Après s'être assurée de tous les ports de la côte orientale de la mer Noire, d'*Anapa* à *Trébizonde*, par la vallée du *Tcharouk*, elle tracera ses nouvelles frontières sur le pendant des eaux qui se précipitent au sud du sommet de l'*Ararat* au centre de l'Arménie vers le golfe Persique, par les grandes vallées de l'*Euphrate* et du *Tigre* ;

A l'orient, vers la mer Caspienne par le Kour et l'Araxe ;

Au nord, vers la mer Noire par la vallée du Tcharouk.

Maîtresse de la libre navigation de la mer Caspienne, ses relations s'étendent tous les jours vers l'Asie centrale ; et ce n'est pas de Constantinople que l'on peut vouloir menacer *Calcutta*, lorsque déjà on a des relations suivies avec *Boukhara*, et que l'on peut dominer le lac *Oural* et l'*Oxus*, dont les sources se trouvent si rapprochées de l'*Indus*.

La Perse, réduite presqu'à l'état de tributaire par le dernier traité de paix, ne serait-elle pas de gré ou de force son auxiliaire obligée, si la Russie voulait sérieusement s'avancer vers le *Gange?*

Tout porte donc à croire que la Russie, dans la lutte qui vient de s'engager, ne s'écartera pas de la politique qu'elle a déclaré vouloir suivre. Que demande-elle à la Porte-Ottomane?

1° L'indépendance de la Grèce et celle des deux provinces au-delà du Danube;

2° Le libre passage du Bosphore pour toutes les nations;

3° Consolider la tranquillité de ses provinces du Caucase par une nouvelle délimitation de territoire, en écartant les Turcs de tout point de contact avec les tribus indépendantes et turbulentes de ces montagnes;

4° Enfin, obtenir une juste indemnité pour les frais d'une guerre qu'elle prétend n'avoir pas provoquée!.... La ruine de Constantinople rendrait cette dernière condition impossible; cette capitale réunit tous les trésors de l'empire.

Les Turcs se défendent très-bien, on le sait, derrière les plus mauvais retranchemens. Constantinople, entouré des deux côtés par la mer, ne présente qu'un seul front d'attaque, par lequel on ne pénétrerait que sur des ruines fumantes. Toutes les maisons de l'ancienne Byzance sont construites en bois, les mosquées et les bézestins exceptés, dans lesquels les Turcs se défendront avec la rage du désespoir.

Quant à la possession de la *Bulgarie* et de la Thrace, quel avantage peut-elle présenter à la Russie? La population chrétienne y est peu considérable, et lui serait de peu de ressource, si encore elle échappe à la rage des Turcs. Les productions y sont les mêmes que celles des états du midi, et ne pourraient être exploitées que par des colonies tirées de la population de la Russie même, c'est-à-dire au détriment des grands propriétaires, qui ne comptent leurs revenus que par le nombre de leurs paysans. Cette acquisition de territoire désert ne pourrait leur sourire, et ajouterait peu à la puissance du souverain, *Constantinople excepté.*

Mais si, par un traité de paix dont elle dictera les conditions, la Russie obtient, avec la libre navigation du Bosphore, les conditions qu'elle a imposées à la Porte, son but n'en est-il pas plus sûrement atteint? Depuis long-temps elle négocie pour ce résultat, et, aujourd'hui plus que jamais, une bataille gagnée dans les plaines de la Thrace le lui donnera, dès qu'elle le rendra commun aux autres puissances de l'Europe. Dès la paix de 1791, elle demandait à la Porte la cession d'un port franc à *Istenia,* près du *Roumili-Hissari*, ou château d'Europe, dans le même canal.

Dernièrement, elle a semblé désigner pour le même objet *Gallipoli*, située dans la Chersonèse de Thrace, à l'entrée de la mer de Marmara.

Nous concluerons donc, en émettant le vœu

de voir ces propositions acceptées, car il importe aux puissances du midi de l'Europe que les Russes ne deviennent pas les gardiens exclusifs de ce poste important. Elles ne sont plus en mesure de s'y opposer. Ce qui était facile avant le commencement de la campagne, en prenant position aux Dardanelles (1), ne l'est plus aujourd'hui ; encore quelques marches, et les armées russes camperont sur ses rives.

Du Danube à Constantinople on compte 104 heures : des crêtes du Balcan, 84 ; d'Andrinople, 45 ; et c'est dans ces plaines fameuses par d'autres combats, où se décida si souvent le sort de l'empire d'Orient, que doit finir la querelle qui nous occupe.

Quelles troupes le successeur des Mahomet et de Soliman peut-il opposer aux armées qui ont traversé le Danube?...... Les janissaires ne sont plus, et avec eux semble s'être éteint ce fanatisme guerrier qui, à défaut de science militaire, fit souvent triompher leurs devanciers ! Peut-on compter pour quelque chose ces nouvelles troupes enrégimentées de force et à la hâte, soumises à une discipline incompatiable avec leurs mœurs et leur croyance ?

---

(1) En portant un corps d'armée aux Dardanelles avant l'ouverture de la campagne, on assurait la libre entrée de la mer Noire à une flotte supérieure à celle des Russes dans cette mer, et on empêchait au besoin toutes leurs opérations par la route de Varna et Privadi, que semble vouloir suivre l'armée de l'empereur Nicolas.

Des Cosaques Zaporogues ont été chercher l'empereur Nicolas sur la rive gauche du Danube, et l'ont conduit sur le sol de l'islamisme!

Après la prise d'*Hirchova*, contre ses vieilles coutumes, la population musulmane, loin de fuir le joug des infidèles, n'a point profité des capitulations qui lui assuraient un libre passage pour elle et ses propriétés. A ces signes nouveaux, n'est-il pas facile de reconnaître que le temps du fanatisme religieux est passé pour les sujets du farouche Mahmoud ; et jamais, dans l'état où se trouve l'empire, le sultan ne réunira plus de cent mille hommes dans les plaines de la Thrace. Les grands feudataires de l'Asie mineure ne quitteront pas leurs foyers, menacés par l'armée de Géorgie, pour venir défendre l'empire sous les murs de Byzance.

Les Bosniaques resteront en observation devant la Servie ; et les Albanais, ennemis des nouvelles formations militaires, prendront prétexte des troubles de la Grèce pour ne pas se rendre au rendez-vous qui leur est assigné.

Reste donc les nouvelles troupes du sultan et les feudataires de la Macédoine, de la Bulgarie et de la Thrace, auxquels on pourra ajouter les habitans des côtes de l'Asie mineure et une partie de la population décimée de Constantinople.

Suivons maintenant la marche de l'armée russe du Danube aux plaines d'Andrinople, et delà aux rives du Bosphore.

Quoique nous ne donnions ici que les itinéraires

des trois grands débouchés carrossables qui traversent le Balcan, nous devons encore indiquer qu'il en existe un quatrième plus à l'ouest, qui, venant d'*Orsova*, ou de *Belgrade* à *Nissa*, passe à *Sophia*, Tatar-Bazardjick et Philippopollis, en suivant le cours de la Maritza jusqu'à Andrinople. Cette route est excellente, traverse une vallée riche et populeuse, où l'armée ennemie trouverait de grandes ressources en vivres, fourrages, et bétail de toute espèce. De Sophia à Andrinople on compte : 61 h.

COLONNE DE DROITE.

ROUTE DE SISTOVA A ANDRINOPLE.

Noms des gîtes.	Heures.	Marches.	Observations.
De Sistova à Nikoup.	9 (1)	2	
— à Ternova..	4	1	
— à Kabrova.	8	2	Montagnes. — Passage du Balcan. — Séjour.
— à Kézanlik..	7	1	
— à Eski-Saghra	6	1	Séjour.
— à Tchali-Keni	5	1	
— à Cara-Pounhar . . •	4	1	
— à Arabadji-Keni. . .	5	1	Séjour.
— à Djezair-Moustapha.	5 ½	1	
— à Andrinople.	6	1	
	59 ½	12	

En tout 15 jours de marche, y compris 3 séjours.

---

(1) Pour la marche des troupes, il convient d'ajouter toujours un cinquième aux distances calculées en heures de caravane, de 19 un cinquième au degré.

COLONNE DU CENTRE.

PREMIÈRE ROUTE DE ROUSTCHOUK A ANDRINOPLE.

Noms des gîtes.	Heures.	Marches.	Observations.
De Roustchouk à Razgrad. . . .	12	2	Ancien château.
— à Eski-Djuma. .	5	1	On laisse Choumla à gauche.
— à Tchatak. . . .	5 $\frac{1}{2}$	1	
— à Kasan.	4	1	Défilé. — Passage du Balcan.
— à Deli-Keuï ou Morach-Bogazi.	5	1	
— à Carnabat. . .	5	1	Ville. — A Aïdos, 4 heures à gauche; à Jamboli, 10 h. à d.
— à Papasli	10	2	
— à Ac-Pounhar. .	8 $\frac{1}{2}$	2	
— à Andrinople. .	4 $\frac{1}{2}$	1	
	59 $\frac{1}{2}$	12	

DEUXIÈME ROUTE DE ROUSTCHOUK A ANDRINOPLE.

Noms des gîtes.	Heures.	Marches.	Observations.
De Roustchouk à Tourlak.	7	1	
— à Caradjios	9	2	
— à Razgrad.	5 $\frac{1}{2}$	1	
— à Dragoï-Keuï. . . (Passage du col).	3 $\frac{1}{2}$	1	
— à Tchali-Cavak. .	4	1	
— à Dobral	4	1	Aussi défilé du Balcan.
— à Docouz-Iukler. .	6	1	
— à Saranlik.	5	1	
— à Papasli	4	1	
— à Buïuk-Derbend.	6	1	
— à Andrinople	6	1	
	59 $\frac{1}{2}$	12	

Ces deux routes sont carrossables avec quelques réparations. Au lieu de passer par Eski-Djuma, si

on se décide à attaquer Choumla de front, on ira,
de Razgrad à Choumla. . . . 10 heures.
—   à Tchali-Cavak. . 8
—   à Carnabat. . . . 7
____
25

COLONNE DE GAUCHE.

Noms des gîtes.	Heures.	Marches.	Observations.
De Pravadi à Keupri-Keuï . .	4 (1)	1	
— à Nadir-Derbend .	5	1	Passage du Balcan. — à Aïdos commence la plaine. De cette ville à Carnabat, à d. 5 h.; à la mer, 6 h. à g.
— à Aïdos.	3	1	
— à Benli	2	1	
— à Touz-Cassri . .	2	1	Ville et château.
— à Oumour-Fakih..	6	1	Ville. — A la baie de Bourgas, 10 h. carrossables.
— à Kanarah.	4	1	
— à Erekler.	$4\frac{1}{2}$	1	
— à Kirk-Kilissia . .	4	1	A Médiah, 16 à 18 h. en montagnes.
— à Andrinople.. . .	10	»	Par le vallon de la Salsederé, à g.
	$44\frac{1}{2}$	9	

De Kirk-Kilissia il y a 10 heures à Tchatal-Bourgaz, où l'on trouve la route directe qui va d'Andrinople à Constantinople.

Marche. — Route d'Andrinople à Constantinople.

On suppose que la colonne de droite fera éclai-

____

(1) On compte 10 à 12 heures d'Hadji-Oglou-Bazardjik à
Pravadi.

rer le vallon de la Maritza jusqu'à Énos ; elle peut aussi se porter directement aux Dardanelles par *Djesr-Erkene,* où il y a un pont ; *Dimotika* et *Ké-chan,* où il y a une route conduisant au golfe de *Saros,* et delà à Gailipoli, où commence la Chersonèse de Thrace. Il y a d'Andrinople à Énos 24 heures, à Rodosto, 24 heures.

La colonne de gauche devra toujours assurer ses communications avec la mer Noire ; une route non carrossable en suit la côte ; une route intermédiaire va de Kirk-Kilissia à Constantinople par *Séraï, Indchigis* et Tchatalcha, en suivant les crêtes du petit Balcan : elle est de 36 à 40 heures, et n'est pas carrossable. Cette contrée est couverte de bois, coupée de vallées, et habitée principalement par des Turcs.

MARCHE SUR CONSTANTINOPLE.

Noms des gîtes.	Heures.	Marches.	Observations.
D'Andrinople à Khafsa	6	1	
— à Eski-Baba	4	1	
— à Tchatal-Bourgaz	6	1	A Médiah en 16 h. par Seraï et Viza, en montagnes.
— à Karistan	4	1	
— à Tchorlou	4	1	Position centrale. — D'où à Rodosto, à d. aux Dardanelles et Énos
— à Kinekli	5	1	
— à Silivri	4	1	Sur la mer de Marmara.
— à Buïuk-Tchekmedje	5	1	Bonne position militaire.
— à Kutchuk-Tchekmedje	3		
— à Constantinople	2		

Ainsi du Danube à Andrinople 59 heures et demie,
que l'on peut facilement faire en 12 marches et
3 séjours. . . . . 15 journées.
A Andrinople . . . . 5 séjours.
D'Andrinople à Constantinople
43 heures, 8 marches, 2 séjours . . 10 journées.
____
30

Il existe une route de Varna à Constantinople
qui longe la mer, mais qui n'est pas carrossable,
depuis Verna jusqu'à 15 ou 18 heures de Constantinople. On compte 60 heures de Varna à la capitale.

POPULATION des principaux gîtes qu'on rencontre de Silistri à Andrinople.

61 villes, villages ou hameaux.

Sur la route . . . . 31 donnant 6,268 maisons.
A droite et à gauche de la route. 30   —   942
_______   _______
61 . .   7,210

Silistri, sur la route, 2,250 maisons, dont 1,800 turques.
— 360 grecques.
— 50 arméniennes.
— 50 juives.
Hadji-Oglou-Bazardjik. . . . . . . 80 maisons, très-peu de grecques.
Couzlidjé. . . . . 150 *id.*
Pravadi . . . . 550 *id.*
Kadikeuï. . . . . 150 *id.*
Karnabiati-Kuprukoï. . . . . 150 *id.*, compris les environs.
Djihan. . . . . } 1,000 maisons, dont { 800 turques.
Aïdos. . . . . } { 200 grecques.
Carnabat. . . . . 1,020 maisons, dont 800 turques.
— 220 grecques.

Kouzla . . . . 24 maisons.
Erenli. 100 *id.*
Buïuk-Derbend. . . . . 225 *id.*, compris les environs.

De Roustchouk à Andrinople.

64 heur. de marche, 65 villes, villages ou hameaux.

Sur la route . . . . 8,681 maisons, 35 villages ou villes.
A droite et à gauche de la route. 800 *id.*   30 *id.*   *id.*
                                   ———————   ———————
                                   9,481   65

Roustchouk. . . . . 3,000 maisons.
Bassarabas. . . . . 70 *id.*
Boussarot et les environs . . . . 530 *id.*
Bela. . . . . 55 *id.*
Ternova. . . . . 1,750 *id.*
Drenava-Derbend . . . . 750 *id.*
Kabrova et les environs . . . . 350 *id.*
Kézanlik, où l'on fabrique l'essence de rose. . . . . 450 *id.*
Eski-Saghra . . . . 1,250 *id.*
Cara-Forio.. . . . . 50 *id.*
Cara-Pounhar (petit fort). . . . . 35 *id.*
Djezair-Moustapha-Pacha. . . . . 60 *id.*

D'Andrinople à Constantinople.

44 heures de marche, 32 villes ou villages.

Sur la route. . . . . 18 villes ou villages.
A droite et à gauche de la route. 14 *id.*   *id.*
                                   ————
                                   32, donnant environ 20,543 maisons.

Andrinople. . . . . 16,000 mais., dont 10,968 turques,
                                       —   3,893 grecques.
                                       —   582 arméniennes.
                                       —   557 juives.
Khafsa. . . . . 190 mais., dont   140 turques.
                                       —   50 grecques.
Eski-Baba . . . . 200 mais., dont   130 turques.
                                       —   70 grecques.

Tchatal-Bourgaz. . . . . 891 mais., dont   700 turques.
                               —   180 grecques.
                               —   10 juives.
                               —   1 arménienne.
Karistan, Tchorlou et environs, 1,338 mais., dont   960 turques.
                               —   300 grecques.
                               —   40 juives.
                               —   38 arméniennes.

Silivri. . . . . . 450 maisons.
Pivatto . . . . . 200 *id.*
Ponte-Grande. . 250 *id.*
Constantinople.

Il n'y a dans toute la Thrace que de 70 à 80,000 Arméniens.

De Silistri à Constantinople, par Varna.

Cette route suit les bords de la mer Noire; elle est de 100 heures.

On y rencontre 5,888 maisons sur la route.
               1,170 *id.* à droite et à gauche de la route.
               ——————————
               7,058

Choumla. . . . . . 3,000 maisons.
Pravadi.. . . . . . 550 *id.*
Varna.. . . . . . . 1,500 *id.*

De cette ville la route est très-mauvaise jusqu'à Constantinople, où elle arrive en côtoyant la mer Noire.

POPULATION de la Turquie d'Europe.

Valachie et Moldavie. 1,400,000
Servie 950,000
Bosnie et Croatie. 700,000
Bulgarie. 1,200,000
Albanie 800,000
Epire. 370,000
Macédoine. 500,000
Roumélie et Thrace. 2,300,000
Thessalie. 370,000
Grèce proprement dite, Morée et îles 1,300,000
                             ——————————
                             9,890,000

En divisant ces peuples par race, nous aurons : trois millions de Grecs; deux millions et demi de Slaves; deux millions de Turcs; près d'un million d'Albanais, et quinze cent mille Valaques et Moldaves.

Les Grecs et les Turcs sont épars sur presque toute l'étendue de l'empire; les Albanais et les Valaques sont établis dans les provinces dont ils tirent leur nom.

En classant la population par religion, nous aurons *trois millions* de musulmans, y compris les Slaves et les Albanais qui professent l'islamisme.. 3,000,000

Six millions de chrétiens grecs ou arméniens 6,000,000

Près de *cinq cent mille* catholiques. 500,000

9,500,000

Le reste appartient à la religion juive.

En Asie.

Asie mineure, cinq millions d'habitans, presque tous mulsumans de race turque. 5,000,000

La Syrie 3,000,000

L'Arménie. 1,500,000

Le pays situé entre la Mésopotamie, l'Irack et le Kurdistan. 2,000,000

Ce qui donne, pour l'Asie 11,500,000

En tout l'empire ottoman, sans comprendre l'Egypte, 21,000,000 d'habitans.

Il y a dix ou douze nations différentes dans l'empire.

En Asie. — Les Syriens, les Arabes, les Kurdes, les Druses, les Turcomans et les Arméniens.

En Europe. — Les Grecs, les Slaves, les Albanais, les Valaques.

BLOCUS DE CONSTANTINOPLE.

Nous avons dit que la ville de Constantinople était entourée de deux côtés par la mer, et ne présentait qu'un seul front d'attaque du côté de terre. Les prises d'eau qui alimentent, au moyen d'aqueducs et autres ouvrages hydrauliques, les fontaines de cette capitale, se trouvent répandues sur un rayon de 4 à 5 lieues de circonférence, qui commence au village de *Kalkali* à l'ouest et se prolonge à l'est jusqu'aux villages de *Belgrade* et *Bakché-Keuï*.

Les troupes destinées à former le blocus devront donc établir leur droite à la mer de Marmara, près de *Kutchuk-Tchekmedjé*, au *Ponté-Piccalo*, et s'étendre jusqu'au village de *Buiukderé* sur le Bosphore, où se trouve un excellent mouillage.

Tous les établissemens militaires de l'empire ottoman sont placés hors de l'enceinte de Constantinople : l'arsenal et les fonderies, à Tophana, sous Péra; les établissemens maritimes, ou Tershana, sous Galata, sur la rive septentrionale du port, et ne sont couverts par aucune fortification. Rien ne peut donc empêcher l'armée assiégante de s'en emparer ou de les détruire.

N. B. Pour tous les détails de la marche des armées, on peut consulter la carte de la Turquie d'Europe, en seize feuilles, publiée par M. La Pie, et qui se trouve chez Ch. Picquet, quai de Conti, n° 17.

LA NÉCESSITÉ DE L'INTERVENTION

DES

PUISSANCES DU MIDI DE L'EUROPE

DANS LES AFFAIRES DE LA GRÈCE (1).

L'empire d'Orient croule de toutes parts ; l'anarchie règne dans le divan ; des révoltes journalières viennent annoncer au sultan, jusque dans son palais, le mécontentement des peuples. Les milices féodales, principales forces de l'empire, ne rejoignent qu'avec répugnance les rendez-vous qui leur sont assignés, pour s'en échapper au premier signal du combat. Les janissaires ne forment plus qu'une corporation dangereuse, moins militaire que civile (2) ; tandis que des tributs onéreux, levés avec peine sur les malheureux sujets, arrivent rarement jusqu'au trésor de l'État.

---

(1) Ces réflexions ont été écrites en 1826.
(2) On sait qu'ils ont été supprimés.

Cinq campagnes, entreprises à grands frais contre
es chrétiens de la Grèce, ont donné à l'Europe la
mesure de la faiblesse du divan, et fait assez connaître l'état d'abaissement où il est tombé.

Il n'est donc pas difficile d'établir contre l'opi-
nion de quelques publicistes que la conquête de la
Turquie d'Europe n'est pas une entreprise hasar-
deuse, surtout si l'on considère avec quel empres-
sement les nations diverses, dont la réunion fortuite
forma jadis l'empire du Croissant, se hâtent d'oublier leurs anciennes querelles, pour se réunir dans un
même sentiment de haine contre leurs oppresseurs.

L'empire ottoman, dans son état actuel, n'est
plus une barrière contre une grande ambition, et
le colosse immense qui a remplacé en Europe la
puissance déchue de Napoléon étend ses bras me-
naçans du nord au midi.

Quelle que soit la modération affectée par leur
souverain, la force des choses entraîne les Russes
vers l'orient, avec une rapidité égale à celle qui
précipite les grands fleuves de ce vaste empire vers
l'Hellespont.

Si la Providence, dans ses décrets immuables, a
permis que de nouveaux auxiliaires se présentent
dans la lutte qui doit bientôt s'engager, pour se-
conder nos efforts, et appuyer les mesures que commandent la prudence, pourquoi les mépriser?

Des événemens, presque miraculeux, ont permis
à des chrétiens de briser des chaînes que nos pères

regardaient comme tellement odieuses, qu'ils firent dans d'autres temps les plus nobles sacrifices pour les en affranchir! et nous, comme eux, adorateurs du *Christ,* nous laisserons massacrer, de sang-froid, des chrétiens, quand la politique autant que l'humanité et la religion nous commande de les secourir!

Il fut un temps sans doute où l'on applaudissait, avec raison, à la politique des François Ier et des Louis XIV, obligés de s'appuyer de la puissance des infidèles contre l'ambition menaçante de la maison d'Autriche. Mais les Soliman et les Sélim régnaient alors! et qu'attendre aujourd'hui de la puissance déchue de leurs faibles successeurs? Hâtons-nous donc de mettre à profit les nouveaux élémens de force et de résistance qui se forment des débris de l'empire ottoman. A Dieu ne plaise que, nous abandonnant à un enthousiasme irréfléchi, nous nous laissions dominer par le sentiment qu'inspire la résistance généreuse dont la Grèce vient d'être le théâtre. La question est trop grave pour n'être pas discutée avec calme et impartialité : ce serait nuire à la noble cause des chrétiens que nous voulons défendre, que de représenter les Grecs actuels différens de ce qu'ils sont réellement.

Nous ne pensons pas qu'il soit facile de faire ressortir, des débris épars du Bas-Empire, les vertus antiques de Sparte et d'Athènes; mais la Grèce moderne, avec son courage sauvage et ses sentimens religieux, offre encore de grands élémens de puissance et de force à ceux qui sauront les employer.

Sa marine naissante, ses intrépides matelots, deviendraient les utiles auxiliaires des États du midi, si intéressés à empêcher les Russes de déboucher de la mer Noire.

Sans doute, la Grèce, dans son état actuel, finirait par succomber, si elle n'était pas secourue ; elle a un urgent besoin de l'appui et des conseils des cabinets de la vieille Europe, pour guider et soutenir son enfance sociale.

Si nous ne la protégeons pas, les Russes le feront à leur profit et à notre détriment. La marche des événemens nous indique assez, que si nous négligeons une occasion aussi favorable, d'autres feront oublier aux Grecs, par des secours opportuns, qu'ils leur doivent leurs infortunes. Un changement de règne autorise suffisamment un changement de politique, et nous n'avons pas un moment à perdre pour ressaisir, dans le Levant, l'influence qui nous fut jadis si utile, et qui peut nous échapper sans retour le jour où les Russes passeront le Danube. Il n'est plus question aujourd'hui d'examiner si les causes qui ont amené l'indépendance de la Grèce sont justes et fondées sur le droit, et si des chrétiens opprimés doivent rester toujours sous le joug des infidèles au danger de leur foi ; il suffit de reconnaître la réalité de l'émancipation, et d'en calculer les conséquences. Toutefois il n'est pas inutile de rappeler que l'*Ethérie* a pris naissance en Russie, et qu'un ministre de l'empereur Alexandre en traça les règlemens ! ! Après la chute de l'empire ottoman, qui sera appelé à en partager les dépouilles? et dans l'état de civilisation où se trouvent les sujets nouvellement émancipés, peut-on en former une puissance indépendante, donnant des garanties suffisantes aux puissances voisines, pour entrer utilement dans le système d'équilibre nécessaire au repos des autres Etats chrétiens?

Ces questions sont graves; et pour les résoudre avec clarté, il faut d'abord faire connaître et l'état de la Grèce moderne, et les peuples chrétiens dont se compose la population de la Turquie d'Europe.

Après la chute de l'empire d'Orient, la population grecque était déjà très-affaiblie. Nous en démontrerons les causes plus tard.

Nous nous bornerons dans ce rapide aperçu à indiquer les différentes races qui habitent, en qualité de sujettes, les divers cantons de la Turquie d'Europe.

1°. Vers le nord, les Bosniaques, les Serviens, les Bulgares, les Monténégrins et les colonies Megalo-Valaques; toutes d'origine slave et parlant la langue russe plus ou moins corrompue.

2°. A l'occident, le long de l'Adriatique, de Scutari au golfe d'Arta, se trouvent cantonnées les tribus albanaises.

3°. Vers le midi, les Grecs proprement dits sont répandus dans les villes et les plaines de la Turquie d'Europe, principalement vers les côtes et les îles de l'Archipel.

Les peuples d'origine slavonne sont les plus nombreux.

Les Albanais sont les plus aguerris, et affectent une plus grande indépendance.

Les Grecs sont les plus intelligens, les plus riches, les plus remuans. Adonnés au commerce, leur contact habituel avec les navigateurs de l'Europe les ont éclairés et même corrompus.

La conformité de croyance et d'infortunes a réuni tous ces peuples, d'origines diverses, dans un même sentiment de haine contre leurs oppresseurs; et le chef de leur église devint le lien qui resserra tous leurs intérêts.

Après la conquête, les premiers sultans laissèrent à l'Église grecque le choix de ses patriarches; il y en eut quatre, ceux de Jérusalem, d'Alexandrie, d'Antioche et de Constantinople. Ce dernier, par le fait de sa résidence dans la capitale de l'empire, étant devenu le centre commun des besoins de son Église, joignit bientôt à sa puissance spirituelle l'autorité temporelle qui découlait de la protection et des services qu'il pouvait rendre à son troupeau; et dès-lors commença entre tous ces peuples une communauté d'intérêts, malgré la différence de leur origine. Le Bulgare comme l'Albanais, le Grec comme le Valaque, recourut également au patriarche, comme à son protecteur naturel près du nouveau maître.

Les nations sujettes conservèrent aussi certains droits municipaux, qui leur permirent de s'administrer elles-mêmes. Des primats choisis dans leur sein répartirent le tribut qu'il leur fut imposé, et finirent même par devenir les juges de leurs différens intérieurs. Parmi ces primats, siégaient les évêques, et les archimandrites pour les cantons; les papas dans les villages. On pouvait, il est vrai, en appeler au cadi, des jugemens prononcés par ce tribunal de famille; mais comme on ne le faisait pas sans encourir l'excommunication, ce cas était toujours fort rare, et c'est ainsi que s'établit rapidement le pouvoir temporel du clergé grec sur toute la nation.

Les différentes dignités du clergé étant toutes à la nomination du patriarche de Constantinople et de son synode, il en ressortit des relations d'obéissance et de protection, qui cimentèrent d'une manière durable la puissance temporelle et spirituelle du chef de l'Église.

C'est ainsi, dit M. Villemain, dans son admirable Essai sur l'état de la Grèce, « que pour cette na-» tion conquise, disséminée sur tant de lieux, mêlée » partout avec les conquérans, il existait un pou-» voir invisible qui s'étendait sur tout l'empire; et » cet ordre de choses, qui serait oppresif et bizarre » chez un peuple maître de son territoire, était,

» dans l'asservissement de la Grèce, une protection
» salutaire, et conservait seul un peuple que tout
» semblait vouloir détruire. »

Il résulte de ce que nous venons d'exposer, que
le clergé grec est le levier le plus puissant que l'on
puisse employer pour agir sur ces populations
chrétiennes : aussi, n'a-t-il pas été négligé entre
les mains des Russes.

Il nous reste à examiner, dans le cas d'un por-
tage de la Turquie d'Europe, quelle serait la por-
tion de territoire qu'il conviendrait d'abandonner à
chaque puissance partageante, de manière à ne
point rompre l'équilibre sur lequel repose aujour-
d'hui la tranquillité du continent.

1°. Rien ne peut empêcher la Russie de prendre
possession de la Moldavie et de la Valachie ; mais il
nous semble possible d'arrêter son ambition aux rives du Danube, par la combinaison suivante :

2°. L'Autriche, en réunissant à ses états la Bosnie, la Servie et le Monte-Négro, serait amplement
dédommagée de l'agrandissement de la puissance
russe vers le Danube. De cette position formidable,
ses armées prendraient de revers les forces russes
qui viendraient à s'avancer au-delà.

3°. Créer un nouvel État de la Grèce, sous le pro-
tectorat de la France, de l'Angleterre et de l'Autriche.

Ce nouvel État comprendrait la Grèce orientale
et occidentale, jusqu'au golfe d'Arta, la Morée, la

Thessalie, la Macédoine, et les îles de l'Archipel, excepté Candie ou Négrepont.

Il serait borné à l'orient par le Nestus et la chaîne du Rhodope, qui s'étend du nord au midi, des environs de Ghiustandil, près de Sophia, à l'île de Tasse, près de la Cavale.

4°. Les Albanies, depuis le golfe d'Arta jusqu'à Scutari, vers le nord, formeraient deux ou trois principautés indépendantes, alliées de la Grèce, et conservant leurs coutumes féodales et leur gouvernement particulier.

5°. La Porte-Ottomane aurait la Bulgarie et la Thrace, du Danube à la mer; et Constantinople et le Bosphore se trouveraient alors défendus :

1° Par la coopération des flottes françaises et anglaises, unies aux forces navales du nouvel État grec;

2° Par ses propres habitans et les forces de terre, dont pourrait disposer le nouvel État grec, allié aux Albanais;

3° Par les armées autrichiennes stationnées en Servie et en Bosnie.

Pour entrer utilement dans cette quadruple alliance, il faut à la France la possession d'un point militaire à l'entrée de l'Archipel.

Non-seulement il lui importe que ce point soit facile à défendre, qu'elle y trouve des ports sûrs et commodes pour ses flottes; mais de plus, en cas de guerre, il est important qu'elle trouve aussi sur le territoire occupé les ressources nécessaires à la subsistance des garnisons qu'elle y entretiendra. Candie ou Négrepont réunissent ces avantages, et l'Angleterre est aujourd'hui trop intéressée à s'assurer de l'alliance de la France pour ne pas admettre cette condition.

Telles sont les combinaisons qui nous semblent les plus propres à conjurer l'orage qui menace l'Europe. S'il en est temps encore, hâtons-nous de prendre le seul parti qui nous reste dans les circonstances où nous sommes.

Si les Russes sont déjà maîtres de la Moldavie, comme tout porte à le croire, ils auront bientôt donné les mains à leurs co-religionnaires de la Grèce, et alors nous verrons entre ces deux peuples une réconciliation inévitable dont nous paierons les frais.

Si, par les mouvemens continus d'une révolution, qui, dans une période de trente années, a tout changé en Europe, nous avons perdu nos avantages commerciaux dans le Levant, cette nouvelle combinaison peut nous les rendre.

De Candie ou de Négrepont, sans dominer exclusivement dans l'Archipel, nous serons toujours appelés à jouir des avantages d'un commerce étendu avec le nouvel État grec, sans perdre ceux que nous retirons encore de nos rapports avec la Turquie et l'Égypte.

Le plan que nous proposons nous fait jouer le rôle le plus honorable. Protecteurs des chrétiens, nos frères, par notre puissante médiation, nous consacrons leur indépendance, et nous conservons encore à la Porte-Ottomane ce qui lui sera ravi sans l'appui de nos forces.

L'Égypte et la Syrie restent également ouvertes à notre commerce, et continueront ainsi à présenter les débouchés les plus favorables aux produits de notre industrie. Dix vaisseaux, joints à une escadre anglaise, peuvent défendre le débouché de la mer Noire, et jamais un ennemi ne se maintiendra à Constantinople, s'il n'est maître de la mer.

En interposant la puissance ottomane entre la Russie et la Grèce, nous y trouvons l'avantage de rompre les intrigues qui naîtraient bientôt de la conformité de religion et même de langage ; *nous le répétons ici, les nations slaves qui occupent le nord de la Macédoine et de la Thrace parlent la même langue que les Russes, sont de même origine, et professent la même croyance.*

Le nouvel État grec présente une population d'environ trois millions d'habitans : celle des Albanies peut être évaluée à un autre million; en tout, quatre millions.

Les îles de l'Archipel, les côtes de la mer Égée, fourniraient facilement à la marine du nouvel État un total de vingt mille matelots intrépides.

Quant à la forme du gouvernement à donner à la Grèce, ses mœurs sauvages, l'anarchie qui la dévore, sa pauvreté, l'absence entière de connaissances administratives , tout semble lui commander de chercher le repos sous la protection des formes monarchiques ; mais cette monarchie doit éviter le danger du luxe des cours de nos États d'Europe : le pays est dans l'impossibilité d'en supporter la dépense.

Telles sont les réflexions qui nous ont été suggérées par le désir sincère de contribuer au rétablissement de l'ordre dans le beau pays que nous avons visité à différentes époques.

Tels sont les sentimens que nous inspire la charité du chrétien, qui ne peut voir, sans frémir, répandre le sang de ses frères par des barbares qui n'ont jamais offert d'autres alternatives aux nations vaincues par leurs armes, que le cimeterre de Mahomet ou l'abjuration de leur foi.

Tels sont encore les sentimens qui doivent exister dans le cœur de tout Français, en songeant à la gloire qui rejaillirait sur le trône par une médiation d'autant plus opportune, qu'en ajoutant au lustre de nos armes, elle serait propice à notre commerce, et nous ferait reprendre, parmi les nations de l'Europe, le rang qui nous appartient.

Louis XVIII vivra dans l'histoire comme le législateur et le restaurateur de la monarchie.

Charles X peut y prendre sa place comme le roi chevalier, comme le prince très-chrétien qui aura eu la gloire d'être le libérateur des chrétiens d'orient.

CARTES DE TURQUIE ET DE GRÈCE.

Les grands événemens qui se préparent en Orient faisant sentir la nécessité de se procurer de bonnes Cartes de ces contrées, nous nous empressons d'annoncer que les seules à l'aide desquelles il sera permis de suivre ces événemens d'une manière tout-à-fait satisfaisante, sont celles ci-après, dressées par M. La Pie, premier géographe du Roi, d'après les matériaux recueillis par M. le général Guilleminot, ambassadeur à Constantinople, et M. le général de Tromelin, qui a parcouru ces contrées dans différentes directions.

Une grande quantité d'Itinéraires, dont plusieurs sont dus à l'obligeance de M. le maréchal duc de Raguse, ont également servi à la rédaction de ces Cartes; et ceux de MM. les généraux Axo, Andréossi et Foy, et de MM. les colonels Fabvier, Boutin, Trézel, etc., ont été d'un grand secours, ainsi que les voyages de MM. Pouqueville, Dodwel et Gell.

De pareilles autorités et le nom de M. La Pie nous dispensent de nous étendre davantage sur ces Cartes, qui présentent plusieurs milliers de positions qui n'ont encore jusqu'ici figuré sur aucune autre.

Carte de la Turquie et de la Grèce, en 16 feuilles......... 80 fr.

Carte de la Grèce, en 4 feuilles......................... 40

Carte générale de l'île de Candie, en une feuille.......... 10

Carte générale de la Turquie d'Europe, en une feuille....... 8

A ces Cartes sont joints des Plans particuliers du Bosphore et des environs de Constantinople, des Dardanelles, de Salonique, de l'isthme de Corinthe, d'Athènes, de Nauplie-de-Romanie, de Coron, de Modon, de Navarin et Missolonghi, de Candie, de la Canée et de Réthyme, ainsi que des territoires de Parga et de Butrintô.

Ces Cartes se trouvent chez Picquet, quai Conti, n° 17.